AF602400

MÉTHODE

DE

TORRÉFACTION DU BOIS EN FORÊT

LOCOMOBILE ET CONTINUE

MÉTHODE

DE

TORRÉFACTION DU BOIS

EN FORÊT

LOCOMOBILE ET CONTINUE

BIBLIOTHÈQUE IMPÉRIALE IMPR.

Par M. Jules BESQUEUT

MAITRE DE FORGES (MORBIHAN)

PARIS
IMPRIMERIE POITEVIN
RUE DAMIETTE, 2 ET 4.

1863

Paris. Imp. Poitevin, rue Damiette, 2 et 4

MÉTHODE

DE

TORRÉFACTION DU BOIS

EN FORÊT

LOCOMOBILE ET CONTINUE

Pendant que la France gémissait du coup d'État économique qu'elle avait subi ; pendant que nos feux s'éteignaient et que la marche de nos métiers se ralentissait ; pendant que nos populations ouvrières voyaient leur travail diminuer de jour en jour, et éprouvaient déjà de grandes souffrances, l'Angleterre, au contraire, entonnait des chants de triomphe. Ses ministres, ses hommes d'État, ses manufacturiers parcouraient, à tour de rôle, ses districts industriels pour célébrer la victoire remportée sur l'industrie française.

L'Angleterre avait raison : ce que de grandes victoires, au moyen de ses armées et de sa marine, n'auraient pu produire, elle l'a obtenu au moyen d'un traité de commerce auquel la France n'aurait jamais consenti, si elle avait eu son libre arbitre.

Elle a réussi à diminuer, par un seul trait de plume, la puissance, la richesse et la force productive de notre nation, ce qui était le but de toutes ses tendances.

Elle reconnaissait aujourd'hui qu'elle n'avait pu et qu'elle ne pourrait étouffer notre industrie à son berceau, comme le lui avait conseillé l'un de ses hommes d'État.

Elle voyait, avec rage, l'*enfant* se développer et se fortifier de jour en jour.

Elle avait peur de lui voir atteindre sa virilité; elle a donc fait les plus grands efforts pour nous empêcher de devenir ses égaux en industrie, et elle a parfaitement réussi.

Le traité de commerce est évidemment une victoire pour l'Angleterre et une défaite pour la France. Il n'y a que les aveugles ou les fanatiques du libre-échange qui s'obstinent à ne pas le reconnaître.

Que l'on examine, en effet, ce qui s'est passé de l'autre côté du détroit, et l'on reconnaîtra : que non seulement il n'y a pas eu une seule opposition au traité de commerce, mais encore qu'il y a obtenu une approbation unanime ; que tous ceux qui ont coopéré au traité ont reçu des ovations dans tous les centres manufacturiers ; que tous les discours des ministres, des chefs d'industrie, des économistes, ont tous été des chants de triomphe.

En France, au contraire, en a-t-il été de même ?

Que voit-on dans tous nos pays d'industrie ? — le silence et la tristesse, pas une seule louange pour les prodagateurs du libre-échange, pour ceux qui ont pris part au traité ; — le mécontentement dans tous les cœurs et le blâme sur toutes les lèvres, pour les rêveurs qui ont poussé à l'abolition du régime économique qui avait fait la France riche et forte, et qui la conduisait à grands pas à une puissance industrielle égale à celle de l'Angleterre.

Nous nous attendons aux objections des libre-échangistes contre la désapprobation et le mécontement des industriels français.

Nous sommes des égoïstes : nous ne voyons que nos intérêts personnels; nous voulons conserver nos industries dans la serre chaude de la protection.... et autres lieux communs. Nous sommes des égoïstes, soit; qui ne l'est pas *un peu* dans ce monde? Mais lorsque notre égoïsme est d'accord avec l'intérêt général, que peut-on y trouver à redire?

Rien n'est clairvoyant, en effet, comme les intérêts individuels; et lorsque 5 à 6 millions de travailleurs se plaignent; lorsque leurs industries sont en souffrance; lorsque *tout* le travail national a été transporté de la serre chaude de la protection, où tout poussait à merveille, dans la serre froide du libre-échange où tout gêle, nous demandons ce que l'intérêt général a pu gagner?

Tout s'enchaine dans ce monde, ce qui nous fait dire

sans hésiter : qu'une atteinte portée à toutes nos industries est une atteinte aux intérêts généraux du pays.

En faut-il davantage pour démontrer qu'une faute et une faute grave a été commise, et qu'une rude atteinte a été portée à la fortune publique ?

Mais à quoi mèneraient les récriminations? à quoi mèneraient les plaintes et les gémissements ? La France est liée pour dix ans. La bataille est engagée ; et, quelle que soit la faiblesse de l'armée des travailleurs français, il est du devoir de chacun de ses soldats de ne pas déserter le champ de bataille.

Rassemblons donc toutes nos forces, toute notre énergie. Faisons appel à toutes les intelligences pour découvrir les points vunérables de notre industrie; pour détruire les obstacles; pour perfectionner tout ce qui est susceptible de perfectionnement; pour arriver enfin à pouvoir lutter à forces égales avec notre éternelle antagoniste.

Adressons-nous directement à l'Empereur pour toutes les améliorations qui peuvent permettre d'abaisser les prix de revient des produits français, et que les efforts individuels sont incapables de réaliser.

L'Empereur nous écoutera; car disons ici : que nous n'avons point entendu faire remonter au chef de l'État le blâme que nous avons infligé à l'école et à l'école libre-échangiste seule.

L'Empereur a trop fait pour la grandeur de la France; il a d'ailleurs un intérêt trop grand à la rendre riche et puissante, pour que nous puissions suspecter ses intentions.

En signant le traité de commerce, l'Empereur a voulu : retrancher des prohibitions inutiles; donner satisfaction à certains intérêts en souffrance; il a voulu offrir des perspectives nouvelles au travail national, et, en ce sens, pour beaucoup d'esprits justes, le traité pouvait avoir sa raison d'être; mais les grands intérêts de l'État, les grandes préoccupations politiques ont empêché l'Empereur de voir le péril de l'engagement qu'il allait prendre, et de reconnaître qu'en laissant faire une brèche au rempart de la protection, le libre-échange allait entrer tout entier dans la place.

Enfin, après avoir fait tout ce qu'il est humainement possible de faire, si nous n'atteignons pas le but, si nous succombons, nous succomberons du moins les armes à la main ; nous aurons alors le droit de maudire les utopistes qui, sans préparation, sans respect pour les droits acquis, ont fait sortir brusquement nos institutions économiques du domaine de la réalité et de la vérité, pour les faire entrer dans la fumée des théories spéculatives; enfin, pour nous avoir fait abandonner la seule voie sûre qui pouvait nous conduire progressivement au bien-être, à la richesse, à la virilité industrielle.

Ne pouvant changer ces faits accomplis, notre devoir, avons-nous dit, est de les accepter, de faire taire nos regrets, nos justes plaintes, et de nous préoccuper vivement des moyens de sauver, s'il se peut, tout ce qui n'a pas été tué par le premier choc de l'invasion britannique, et de fortifier l'existence de toutes les industries qui n'en ont été qu'ébranlées.

C'est avec ces sentiments et avec ces idées que je me suis mis à la recherche de tous les perfectionnements, de toutes les améliorations dont pouvait être susceptible l'industrie du fer au bois, à laquelle je suis livré.

Parmi les nombreuses questions qui intéressent le

maîtres de forges au bois, il en est *trois* surtout qui me paraissent vitales et que j'ai soumises, il y a trois ans, à l'attention des personnes intéressées, dans une brochure intitulée : *Questions économiques*.

Ces trois questions sont :

— L'emploi des minerais de fer supérieurs dans les hauts-fourneaux, pour arriver à la production des fers et des aciers fins.

— L'abaissement des prix de transports sur nos chemins de fer et sur nos canaux.

— Enfin le perfectionnement des méthodes de carbonisation du bois en forêt, ou le moyen de donner une valeur calorifique plus grande au combustible végétal.

Sur la première question : Le gouvernement de l'Empereur a fini par faire comprendre au gouvernement espagnol combien était funeste à ses intérêts et injuste envers la France le décret royal qui frappait d'un droit exorbitant l'exportation des minerais de fer de la Biscaye.

Le décret a été rapporté, satisfaction complète a été donnée aux maîtres de forges de l'ouest de la France. Les minerais supérieurs des montagnes de Sommorostro sortent librement aujourd'hui.

Saisissons cette occasion pour offrir à Sa Majesté nos remercîments et notre reconnaissance, pour cet acte qui favorise si puissamment les intérêts généraux du pays, et plus particulièrement les intérêts d'un très-grand nombre de maîtres de forges au bois.

L'Empereur donnera également, nous n'en doutons pas, satisfaction à toutes nos industries en améliorant et en développant nos voies de transport; en rachetant tous nos canaux et en supprimant les droits de navigation sur les canaux, fleuves et rivières; enfin en obtenant des Compagnies de chemins de fer de fortes réductions sur leurs tarifs et une classification plus rationelle et plus précise des marchandises dont elles sont chargées d'opérer le transport.

L'État ne devra pas s'arrêter là; il a un but plus élevé à atteindre : celui de rentrer en possession de toutes nos lignes de chemins de fer et de détruire ce monopole si durement et, fort souvent, si arbitrairement exercé.

Ce ne sera que lorsqu'il sera le seul administrateur de toutes les voies de transport qui ont été mises entre les mains de l'industrie privée, qu'il pourra venir puissamment en aide au travail national, pour se relever de l'état d'infériorité où il se trouve vis-à-vis l'industrie étrangère sous le rapport des frais de production.

L'exploitation des canaux et des chemins de fer par des Compagnies est un des plus puissants obstacles au développement de la fortune publique; et si l'Etat pouvait, par quelque combinaison financière, trouver les moyens de faire face à la dépense du rachat, il retrouverait, à coup sûr, sous forme de contributions indirectes, ce qu'il serait forcé de dépenser en capital ou en annuités, et il donnerait une satisfaction éclatante à tous les intérêts français.

Sur ces deux premières questions :

Minerais de fer supérieurs; — Abaissement des prix de transports; — nous n'avons pu et nous ne pouvons que faire appel au gouvernement, au nom de la raison, de la justice et de tous les intérêts qui se rattachent de près ou de loin à l'industrie métallurgique.

Mais sur la troisième question, celle *du perfectionnement des méthodes de carbonisation*, nous devions tous comprendre que nous avions là des efforts individuels à faire ; qu'il était de l'intérêt et du devoir de tous les maîtres de forges au bois de s'en occuper promptement, sous peine de voir succomber leur industrie, et de voir la richesse forestière de la France éprouver une considérable dépréciation.

Je n'ai pas, en ce qui me concerne, failli à la tâche. J'étais trop convaincu qu'il y avait, dans la question de la carbonisation du bois, un immense perfectionnement à introduire dans mon industrie, pour ne pas tenir constamment cette question en éveil dans mon esprit, et voici comment j'avais fini par l'y poser :

Les procédés de carbonisation en forêt ne sont pas plus perfectionnés aujourd'hui qu'ils ne l'étaient il y a un siècle. Le bois ne rend encore que 17 à 18 p. 100 de charbon, lorsqu'il est démontré qu'il en contient 38. — Toutes les tentatives de carbonisation à vases clos ont échoué, et cela s'explique :

La condition essentielle pour obtenir des charbons denses et de bonne qualité, c'est que la carbonisation se fasse lentement.

Le charbon obtenu par la distillation du bois à vases clos, se fait au contraire brusquement : aussi obtient-on toujours des charbons légers, poreux, tendres et possédant une extrême combustilité, ce qui ne convient pas aux opérations des usines à fer.

Ce qui fait donc qu'on n'a pas réussi, jusqu'à ce jour, c'est précisément parce qu'on s'est toujours proposé d'obtenir du charbon et qu'on a poussé la distillation du bois, dans tous les appareils, jusqu'à la dernière limite.

Le but qu'on devait se proposer, selon moi, n'était donc pas d'obtenir du charbon par les méthodes nouvelles qui ont été expérimentées, mais bien d'obtenir des bois torréfiés à des degrés plus ou moins avancés.

C'est là le problème que je me suis posé et que je crois avoir résolu aussi heureusement que possible.

Ce n'est pas sans peine que je suis arrivé à donner un corps et une âme à l'idée qui s'était présentée tout d'abord à mon esprit. Combien d'essais, de tâtonnements il a fallu faire ! Combien de modifications pour arriver de l'appareil primitif à l'appareil perfectionné que je soumets aujourd'hui aux hommes compétents, avec la ferme assurance qu'il réunit toutes les conditions de simplicité, de locomobilité et de marche continue, qui étaient à désirer !

Je dirai d'abord quelques mots du premier appareil que j'avais imaginé, et pour lequel j'ai pris et conservé un brevet.

Je décrirai ensuite le nouvel appareil pour lequel je suis également breveté.

J'en ferai connaître la marche et les résultats. Enfin je dirai également les avantages obtenus par l'emploi du combustible nouveau dans les hauts fourneaux.

Description de l'Appareil primitif

J'avais pensé tout d'abord qu'une simple douve creusée dans le sol, ou une maçonnerie en briques en saillie sur le sol, recouverte par des feuilles de tôle cintrées, avec deux rails parallèles à l'intérieur, sur lesquels rou-

BIBLIOTHÈQUE IMPÉR.

leraient des cylindres pleins de bois, une porte à chaque extrémité, à l'un des bouts un foyer et à l'autre une cheminée, suffiraient pour établir l'ensemble de l'appareil dans lequel devrait s'opérer la torréfaction du bois.

Cela suffit en effet dans beaucoup de cas, et je dirai plus : c'est que, lorsqu'on a à sa disposition des terrains tendres, dans lesquels il est facile de creuser la douve à section rectangulaire et trapézoïdale qui forme les parois et le fond du four, cela offre des avantages incontestables; mais, dans certains cas, ce four ainsi établi pouvait présenter quelques inconvénients dans la pratique. J'ai donc cru nécessaire, sans toutefois renoncer à ce mode si simple, d'apporter, dans l'appareil, des modifications qui pussent en permettre l'usage dans tous les lieux et dans toutes les circonstances.

Voici les inconvénients que cet appareil pouvait présenter :

1° Le rocher peut être très-près de la surface du sol; par conséquent il pourrait arriver et il arriverait fréquemment qu'il ne fût pas possible de creuser la douve qui forme le fond et les parois du four;

2° L'on peut ne pas toujours trouver, dans l'intérieur des forêts, les espaces vagues nécessaires pour creuser les douves sans rencontrer des souches; l'on causerait alors un préjudice aux bois; et, bien que ce préjudice fût léger, il est plus que probable que les propriétaires et surtout l'administration des forêts ne le supporteraient pas;

3° Par des fortes pluies ou par des pluies continuelles, le four, établi en contre-bas du sol, et souvent d'un sol perméable, présenterait des inconvénients et deviendrait momentanément impropre à la torréfaction.

4° Enfin le creusement du sol, ou bien la construction de parois verticales en saillie en maçonneries demanderait beaucoup de temps; le but étant d'aller vite, de diminuer les dépenses et de rendre faciles les changements de place de l'appareil, j'ai dû obvier à tous ces inconvénients; et voici l'appareil que j'ai imaginé, et qui me paraît réunir toutes les conditions de facilité de montage et de démontage, de simplicité de construction, de durée et de solidité que l'on pouvait désirer dans un appareil de torréfaction du bois en forêt.

Ce n'est point un appareil rêvé par un théoricien que

je soumets aux maîtres de forges au bois, mais bien un appareil pratique, qui fonctionne régulièrement en forêt depuis plus d'un an, et qui est arrivé à l'état d'instrument tellement usuel que l'ouvrier, même le moins intelligent, peut en faire usage utilement.

Description de l'Appareil perfectionné

Cet appareil est construit complétement en fer et en fonte; il se compose :

1° De supports en fonte AAA, vus dans la projection verticale de la planche. Ces supports sont fixés au sol au moyen de chevilles en fer, comme on le voit dans les coupes de l'appareil. Ils sont placés de manière à ce que les longrines en fonte qu'ils doivent supporter soient parfaitement parallèles les unes aux autres;

2° De longrines en fonte BBB, portant un champignon comme les rails des chemins de fer; une partie creuse pouvant servir à l'écoulement des liquides produits par la distillation, et enfin présentant sur un côté les nervures destinées à servir de points d'arrêts aux feuilles de tôle qui forment les parois verticales du four.

Ces longrines sont posées bout à bout, boulonnées entre elles, fixées sur les supports. On en pose deux rangs parallèles comme les rails des chemins de fer; on leur donne une inclinaison de 4 centimètres par mètre environ. La figure SS présente une coupe de ces longrines;

3° De petites colonnettes DDD en fonte, placées verticalement sur les longrines, et servant d'appui aux feuilles de tôle formant les parois de l'appareil.

Ces colonnettes portent dans leurs parties supérieures et inférieures des goujons en fer qui servent à les fixer aux longrines et aux traverses en fonte dont nous allons parler;

4° De traverses en fonte FFF destinées à maintenir l'écartement de l'appareil, et à recevoir les côtés des feuilles de tôle cintrées qui viennent clore l'appareil dans sa partie supérieure.

Ces traverses portent une forte nervure s'accroissant jusqu'au centre du four et jusqu'à la rencontre d'une forte boucle destinée à recevoir une longue clavette en fonte qui maintient les tôles cintrées formant la voûte de l'appareil.

5° D'un seul foyer Y creusé en contre-bas du sol. Ce foyer a une ouverture de chaque côté de l'appareil, et s'étend sur toute la largeur du four.

Au lieu de ce foyer, l'on peut employer avec avantage deux petits foyers mobiles, placés perpendiculairement à l'axe du four, l'un à droite et l'autre à gauche et au niveau du sol.

Ce dernier genre de foyer est préférable, surtout quand le creusement du foyer en contre-bas du sol doit détruire des souches, ou rencontrer le rocher.

6° De deux portes d'entrée GG, l'une à bascule et l'autre à coulisses, entre lesquelles se trouve la première chambre d'isolement I.

7° De deux portes de sortie KK, entre lesquelles se trouve la seconde chambre d'isolement L.

8° De cylindres en tôle MMM, percés de trois rangs de trous, huit dans chaque de 2 centimètres de diamètre. Ces trous sont placés à diverses hauteurs du cylindre et sur sa circonférence, comme on le voit à la projection horizontale du dessin.

Ces cylindres sont ouverts à leurs deux extrémités, mais disposés pour être fermés par des couvercles faciles à fixer et à enlever.

Ces couvercles sont également percés de trous de 2 centimètres de diamètre, comme c'est indiqué à la projection verticale de la planche.

Ces cylindres portent un anneau de fonte NN à chacune de leurs extrémités, en forme de couronne de roues de wagons, afin qu'ils puissent rouler librement sur les longrines inclinées.

9° D'une cheminée d'appel P ayant un double orifice, l'un à droite et l'autre à gauche de l'appareil, et situés immédiatement au-dessus du niveau de la partie supérieure des longrines.

Cette cheminée est munie d'un registre de chaque côté pour régler le tirage.

10° D'un double levier Q destiné à laisser sortir, les uns après les autres, les cylindres dont le bois qu'ils renferment est torréfié, tout en maintenant la série de cylindres qui est dans le four, et qui en sortirait si elle n'était pas maintenue par un point d'arrêt.

11° Enfin d'une série d'étouffoirs (*fig.* E.) que l'on jette sur les cylindres aussitôt leur sortie du four, afin d'éteindre les gaz qui sortent enflammés des cylindres, et d'arrêter les progrès de la torréfaction.

Ces étouffoirs sont faits en tôle mince et ont la forme d'un demi-cylindre uni à un parallélipipède rectangle.

Marche de l'Appareil

Pour bien comprendre tout l'agencement du système, il suffit de jeter les yeux sur les plans d'ensemble.

La description, bien que très-sommaire, présente assez de détails pour le faire croire compliqué, et cependant il est d'une extrême simplicité.

Le four étant complétement monté, l'on remplit les les cylindres avec du bois, tel qu'il est exploité, mais scié cependant, avant son introduction dans les cylindres, à la longueur de 20 à 22 centimètres environ.

Ce travail se fait très-facilement à la main, mais il se ferait avec bien plus d'économie avec une petite scie circulaire locomobile dont il existe déjà des modèles parfaitement appropriés à ce service.

A mesure que les cylindres se remplissent de bois, on les introduit dans le fourneau ; lorsque celui-ci est rempli, l'on ferme bien hermétiquement toutes les portes et l'on fait du feu dans le foyer au moyen de fagots faits avec les brindilles de la coupe où se fait la torréfaction.

Au bout de très-peu de temps, les gaz sortant du premier cylindre, qui est le plus exposé à la chaleur, s'enflamment, bientôt un second, un troisième présentent des gaz enflammés. Quand les gaz du quatrième sont près de l'être, le moment est venu de faire sortir le premier cylindre.

On le fait alors passer dans la seconde chambre d'isolement; l'on ferme la porte à coulisses; l'on ouvre la porte extérieure, et l'on enlève le cylindre au moyen d'un diable en fer, pour le porter au lieu du dépôt où il est aussitôt recouvert d'un étouffoir.

Dès qu'on sort du fourneau un cylindre dont le bois est torréfié, l'on y en introduit de suite un autre plein de bois par l'autre extrémité, afin que le fourneau reste toujours rempli.

L'on voit qu'il y a trois séries de cylindres :

La première, qui se remplit;

La seconde, qui est dans le fourneau;

La troisième, pleine de bois torréfié et qui est sous les étouffoirs.

La série qui est dans le fourneau doit être en nombre tel que chaque cylindre puisse faire quatre à cinq révolutions sur les rails à partir du moment où il entre jusqu'à celui où il en sort, afin que la torréfaction du bois qu'il contient soit régulière.

Pour cela, j'ai trouvé qu'en donnant au fourneau une

longueur de 9 m., utiles, c'est-à-dire sans comprendre les chambres d'isolement, en donnant aux cylindres un diamètre intérieur de 60 centimètres et une longueur de 1 m. 80, l'on obtenait un bon résultat. Avec la longueur de 9 m. il entre 13 cylindres dans le four. — L'on pourrait faire des fours plus grands ou plus petits, des cylindres ayant de plus grandes ou de plus petites dimensions, mais l'expérience m'a démontré que j'avais adopté des dimensions convenables, sous tous les rapports, pour la torréfaction du bois en forêt.

Chaque cylindre contient un demi-stère de bois.

Les chambres d'isolement que j'ai établies à l'entrée et à la sortie du fourneau ont pour but d'empêcher l'introduction de l'air froid dans l'appareil et de maintenir enflammés, par conséquent, les gaz produits par la distillation du bois contenu dans les cylindres.

C'est important, car lorsque les gaz s'éteignent, il faut brûler des fagots pour les rallumer, et la dépense de torréfaction se trouve par là augmentée. En ayant bien soin de ne laisser introduire dans l'appareil que la quantité d'air nécessaire pour maintenir en combustion les gaz produits par la distillation du bois, la torréfaction peut se faire uniquement avec la chaleur produite par les gaz brûlés.

Il faut avoir soin de revêtir d'une couche de terre réfractaire, préparée et arrêtée d'une manière particulière, les feuilles de tôle les plus exposées à la chaleur, et il suffit d'enduire les autres parties de l'appareil avec un mélange de chaux et de terre réfractaire délayées ensemble.

Du reste, le bitume produit par la distillation du bois préserve si complétement les tôles qui composent l'appareil et les cylindres que l'on ne remarque pas la moindre trace d'altération sur celui dont je fais usage depuis plus d'un an et qui a supporté toutes les maladresses des inexpériences des ouvriers chargés de le faire fonctionner.

L'on peut donc prédire une longue durée à ces appareils et avancer, sans crainte, que la dépense pour leur entretien et leur renouvellement sera très-faible.

La dépense de premier établissement ne sera pas non plus fort élevée, relativement aux avantages que l'on doit en obtenir.

Nous avons dit que les cylindres étaient recouverts d'un étouffoir aussitôt leur sortie de l'appareil; on les y laisse pendant deux à trois heures environ, au bout de ce temps, le bois torréfié qu'ils contiennent est suffisamment refroidi, l'on peut enlever les étouffoirs et vider les cylindres.

L'opération, on le voit, est continue; elle marche sans interruption, nuit et jour.

Le service de l'appareil exige quatre ouvriers; deux à l'entrée du fourneau et deux à la sortie. Huit ouvriers sont donc nécessaires pour la marche de chaque appareil, quatre pour le jour et quatre pour la nuit.

Il n'est pas nécessaire d'avoir des charbonniers, de simples manœuvres intelligents suffisent.

L'on comprendra qu'il n'est pas possible d'entrer ici dans de plus grands détails sur la construction et la marche de l'appareil.

L'on comprendra également qu'il serait bien difficile, sinon impossible, de faire la description détaillée du travail des ouvriers, de la manœuvre de l'appareil et de ces divers *tours de main* qui font la réussite de l'opération.

Ce sera seulement lors de l'installation des appareils dont je me réserve la fourniture, que l'on pourra initier à tous ces petits détails les ouvriers chargés d'en faire usage.

Quand le four est bien échauffé et que le temps est sec et calme, l'on peut torréfier en moyenne trente-cinq à quarante cylindres en douze heures, suivant la grosseur du bois, son état de siccité et sa nature. C'est donc une production de soixante-dix à quatre-vingts cylindres de bois torréfié que l'on peut obtenir en vingt-quatre heures dans un seul appareil.

Production — Résultats

Chaque cylindre contenant un demi-stère de bois, l'on peut donc torréfier 35 à 40 stères de bois en vingt-quatre heures.

Voici les résultats des huit dernières expériences partielles que j'ai faites en forêt.

NUMEROS des rendements	NOMBRE de CYLINDRES	POIDS du BOIS NET	POIDS du BOIS TORRÉFIÉ	RENDEMENT
		k.	k.	
1	5	984	600	61 p. 100
2	5	678	438	65
3	5	1,002	646	64
4	5	667	401	60
5	5	1,035	646	62
6	5	708	433	61
7	5	1,002	608	60
8	5	700	438	62
TOTAL.	. . . .	6,776	4,210	62 p. 100 en Moy.

Le rendement est, on le voit, de 62 p. 0/0, en moyenne, dans ces expériences.

Voici, du reste, le résultat général de la torréfaction dans cette forêt :

2,670 stères de bois y ont été torréfiés. L'on a pesé 120 stères de ce bois, un peu dans le bon, un peu dans le moyen, un peu dans le mauvais; la moyenne du poids du stère de ce bois a été de 243 kilogr.

Le nombre de stères torréfiés étant de 2,670, cela donne un poids total de 648,810 kilogr. de bois.

Ces 648,810 kilogr. de bois ont produit 383,130 kilogr. de charbon torréfié, pesé exactement, au fur et à mesure de son emploi au haut fourneau. L'on a obtenu, en outre, 10,870 kilogr. de menu charbon, ce qui donne un produit total de 394,000 kilog. pour le rendement du bois passé à l'appareil de torréfaction, soit plus de 60 p. 0/0 du poids du bois.

Ainsi, au lieu d'obtenir 18 à 20 p. 0/0 de charbon, produit de la carbonisation par la méthode ancienne, l'on obtient, au moyen de mon appareil, 60 p. 0/0, c'est-à-dire trois fois ce que l'on obtient en faisant du charbon par les procédés anciens.

Mais ce combustible n'a pas la valeur calorifique du charbon. Nous allons donc établir la valeur comparative de ces deux combustibles, non pas théoriquement, mais en faisant connaître les résultats que nous avons obtenus par l'emploi du bois torréfié dans l'un de nos hauts fourneaux, celui de Trédion.

Disons auparavant que le bois qui a servi à l'expérience avait dix-huit ans; que partie était abattue depuis six mois et partie depuis trois mois seulement;

Que nos taillis ne sont pas généralement très-bien venus;

Que le pesage du bois torréfié s'est fait très-largement, et que notre conviction est que le rendement est plutôt au-dessus qu'au-dessous du résultat indiqué ci-dessus.

— Ajoutons que le bois torréfié, pesé presque en sortant de l'appareil, n'avait pas absorbé la moindre humidité, et qu'il a donné par conséquent un produit moins élevé que s'il avait été pesé après un séjour de quelques mois dans les halles.

Enfin, disons que le bois torréfié ayant été employé au fourneau tout frais, au fur et à mesure de sa fabrication, l'expérience ne s'est pas faite dans des conditions favorables.

Emploi du bois torréfié dans le Haut Fourneau

La charge de charbons de nos hauts fourneaux est composée de trois paniers, faits avec la plus grande régularité, et cubant deux hectolitres chaque.

Chaque panier pèse 46 kilogrammes au plus.

La charge est donc de 6 hectolitres de charbon pesant, dans de bonnes conditions, 23 kilogrammes, soit un poids total de 138 kilogrammes au maximum pour les six hectolitres.

L'on a remplacé d'abord un panier de charbon par deux paniers de bois torréfié.

Aussitôt l'allure du fourneau s'est améliorée et l'on a pu successivement augmenter la charge de minerai de 40 kilogrammes.

Après une marche de plusieurs mois dans ces conditions, un second panier de charbon a été remplacé par deux autres paniers de bois torréfié; le même résultat a été obtenu.

La charge de combustible, composée alors de *quatre* paniers de bois torréfié et *un* seul panier de charbon, avait permis d'augmenter de 80 kilogrammes le minerai composant le lit de fusion.

L'on n'a pas cru devoir pousser l'expérience plus loin, parce qu'il est bien peu d'établissements qui aient tous leurs approvisionnements de bois à des distances si rapprochées, qu'on ait avantage à tout convertir en bois torréfié.

Je crois, toutefois, que l'on peut, sans inconvénient, marcher uniquement avec du bois torréfié, et que l'on trouvera, en remplaçant le dernier panier de charbon de la charge par deux paniers de bois torréfié, les mêmes avantages qu'on a trouvés en remplaçant les deux premiers.

Calcul du Prix de revient

La corde de bois de 3 stères rend ici, en moyenne, dans nos taillis 175 kilogrammes de charbon; mais ce charbon éprouve en halles un déchet de 8 pour cent, environ, ce qui réduit à 160 kilogrammes le produit utile du charbon rendu par chaque corde de bois de 3 stères.

Comme nous dépensons ici, en fabriquant des objets moulés, 110 kilogrammes de charbon pour produire 100 kilogrammes de fonte, il en résulte que 160 kilogrammes de charbon (produit d'une corde de 3 stères) rendent au haut fourneau 146 kilogrammes de fonte, mise en mouleries.

En bois torréfié la corde a rendu, en moyenne, 442 kilogrammes, et comme 160 kilogrammes de ce combustible sont équivalents à 100 kilogrammes de charbon de bois;

Comme il faut 110 kilogrammes de charbon pour 100 kilogrammes de fonte, il en résulte qu'il faut 170 kilogrammes de bois torréfié pour remplacer 110 kilogrammes de charbon de bois, ou pour produire 100 kilogrammes de fonte, et que, par conséquent, les 442 kilogrammes de bois torréfié (produit d'une corde de 3 stères) produiront 251 kilogrammes de fonte.

Pour avoir le résultat comparatif bien exact pour chaque district métallurgique de la France, il faudrait connaître le prix moyen du stère de bois dans chaque localité qui voudrait faire usage de mon procédé : ne le connaissant pas, et ne pouvant du reste ici me livrer à des calculs pour chaque usine, j'ai admis le prix de 8 francs par corde de 3 stères pour établir les prix comparatifs des 100 kilogrammes de charbon de bois et de bois torréfié.

Ce prix est à peu près le prix moyen des cordes de charbonnage en Bretagne, en ce moment.

D'après ces données, l'on peut établir le prix de revient de chaque espèce de combustible.

Bois torréfié et Charbon

DÉTAIL DES DÉPENSES	BOIS TORRÉFIÉ	DÉTAIL DES DÉPENSES	CHARBON
	fr. c.		fr. c.
Prix de la corde. . .	8 »	Prix de la corde. . .	8 »
Roulage et sciage. . .	1 65	Roulage et refendage, plans	» 20
Torréfaction de 442 k. à 30 0/0.	1 32	Carbonisation de 175 k. à 4 0/0 le k. . .	» 70
Port de 442 k. d'une distance de 8 k. en moyenne. . . .	1 10	Port moyen de 8 k. .	» 90
Fagots, entretien., amortissement. . .	» 23	Abris, frais généraux	» 05
442 k.	12 30	168 k. net. . . .	9 85

442 kilog. de bois torréfié, coûtant 12 fr. 30 c., les 100 kilog., reviennent à. . . . . 2 fr. 78

160 kilog. de charbon de bois, coûtant 9 fr. 85 c. les 100 kilog., reviennent à. 6 15

Admettons que le prix de revient des 100 kilogr. de charbon soit seulement de 6 fr. (nous croyons être dans le vrai en admettant ce chiffre) et prenons 2 fr. 78 pour le prix des 100 kilos de bois torréfié.

Pour produire 100 kilogr. de fonte avec le charbon, l'on dépense 110 kilogr. de charbon à 6 fr. . . . 6 fr. 60

En employant le bois torréfié, l'on dépensera 176 kilogr. à 2 fr. 78 . . . . 4 89

1 fr. 71

Soit une économie de 1 fr. 71 par 100 kilos de fonte produite.

Si l'on n'emploie dans le haut fourneau que les *deux tiers* de la charge de bois torréfié, et que la production soit de 1,200 tonnes annuellement, l'on réalisera une économie annuelle, par chaque haut fourneau, d'environ 14,000 fr.

Si la production s'élève à 1,500 tonnes, ce qui n'est pas une production extraordinaire, même en Bretagne, l'économie sera alors d'environ 17,000 fr. Cette économie, on le comprend, sera très-variable; elle sera d'autant plus grande que les bois auront un prix plus élevé et qu'ils seront plus rapprochés des usines, et elle diminuera en raison inverse de ces deux circonstances.

Mais ce n'est pas tout.

Pour produire 1,200 tonnes de fonte avec le charbon de bois, il faut, puisque chaque corde ne produit que 146 kilogr. de fonte, un approvisionnement de 8,219 cordes de 3 stères.

Or, pour produire la même quantité de fonte avec le bois torréfié uniquement, il ne faudrait que 4,762 cordes.

Donc avec le nombre de 8,219 cordes employées pour faire 1,200 tonnes de fonte avec le charbon de bois, la production du haut fourneau, marchant au bois torréfié seul, pourra s'élever au delà de 2,000 tonnes.

Mais, comme nous avons admis qu'on ne pourrait, en général, faire emploi dans les hauts fourneaux que de deux tiers de bois torréfié, il en résulte que, pour produire 1,200 tonnes avec *un tiers* charbon de bois et *deux tiers* bois torréfié, au lieu de 8,219 cordes, il n'en faudra que 5,914; et enfin, qu'avec l'approvisionnement de bois de 8,219 cordes, l'on arrivera à une production de 1,700 tonnes.

La production sera, dans ce cas, augmentée dans la proportion de 100 à 142 en chiffres ronds.

De ces résultats découlent deux avantages immenses que voici :

La production étant augmentée dans la proportion de 100 à 142, les bénéfices seront augmentés dans cette même proportion.

D'un autre côté, les frais généraux, qui décroissent à mesure que la production s'élève, seront diminués dans la même proportion. Ces frais généraux comprennent, dans nos usines, tous les frais de régie, tous les intérêts de fonds de roulements, tous les fermages, tous les agios et commissions, et enfin, toutes les dépenses ne concernant pas un compte spécial.

J'ai fait la moyenne de ces frais généraux pour les six dernières années qui viennent de s'écouler, et j'ai trouvé qu'elle s'élevait à 25 fr. 50 par tonne de fonte produite.

Si la production annuelle, au lieu d'être de 1,200 tonnes, s'élevait à 1,700 tonnes, ces frais généraux ne seraient plus, pour chaque tonne de fonte, que de 17 fr. 40.

L'économie sur cet élément de dépense serait donc de 8 fr. 10 par tonne, ou de 13,770 fr. sur une production de 1,700 tonnes.

Récapitulons tous les avantages que peut présenter l'emploi du bois torréfié dans les hauts fourneaux, et qui se résument ainsi :

— Économie sur le combustible ;

— Augmentation des bénéfices, proportionnellement à l'augmentation de la production ;

— Abaissement des frais généraux.

Il ne paraîtra pas téméraire d'avancer que l'on pourra réaliser une économie de 25 à 30 mille francs sur les dépenses de chaque haut fourneau.

Quant à l'usage du bois torréfié dans les hauts fourneaux, il n'y a qu'une voix en France pour en reconnaitre les bons effets. Pour ma part je puis dire :

Que l'allure du fourneau où j'ai employé ce combustible s'est améliorée ;

Que la production en 24 heures s'est augmentée ;

Enfin, que la fonte est devenue plus tenace et plus propre à la fabrication des objets moulés.

L'emploi du bois torréfié offre de plus un autre avantage : celui de mettre à la disposition des maîtres de forges une force motrice considérable, pouvant faire mouvoir tous les mécanismes des usines, et chauffer tous les appareils.

Je n'estime pas à moins de 40 chevaux vapeur la force motrice des gaz qui s'échappent des hauts fourneaux marchant au bois torréfié.

Je fais remarquer que j'ai calculé les prix de revient du bois torréfié, d'après les moyens à ma disposition, au début de la mise en pratique de mon procédé. Or, il est évident que ces moyens étaient insuffisants, et que, lorsque l'on aura une petite scierie locomobile à sa disposition, lorsque les ouvriers auront bien la pratique de ce travail, lorsque, enfin, tout sera bien organisé, il sera facile de réduire les prix de sciage, de torréfaction et autres, tout en ne diminuant pas les salaires assez élevés qui ont été payés tout d'abord aux ouvriers.

Bref, je crois à l'avenir de mon invention. Je crois avoir résolu la question de la torréfaction du bois en forêt, et avoir rendu par là un service à mon industrie.

Je ne cherche point à bercer mes confrères des illusions qu'ont malheureusement trop souvent les inventeurs. Mon appareil marche dans mes bois; je les convie à venir le voir fonctionner. Ils seront libres de faire toutes les vérifications, toutes les expériences qu'ils jugeront utiles pour se convaincre des résultats que je leur ai annoncés. Je fais tout autant de ma découverte une question de patriotisme qu'une question d'argent.

Je sais d'avance toutes les oppositions, toutes les dénégations, toutes les méfiances, tout l'esprit de routine que je dois rencontrer dans le chemin que j'ai à parcourir, mais, fort de ma conviction et de mon expérience, je suis décidé à tout braver et à faire tout ce qui est humainement possible pour faire arriver à un usage général un procédé qui peut sauver l'industrie du fer au bois de la ruine imminente dont elle est menacée.

BIBLIOTHÈQUE IMPÉRIALE

Jules BESQUEUT,
Maître de Forges,
à Trédion par Elven (Morbihan).

Imp. Poitevin rue Damiette, 2 et 4.

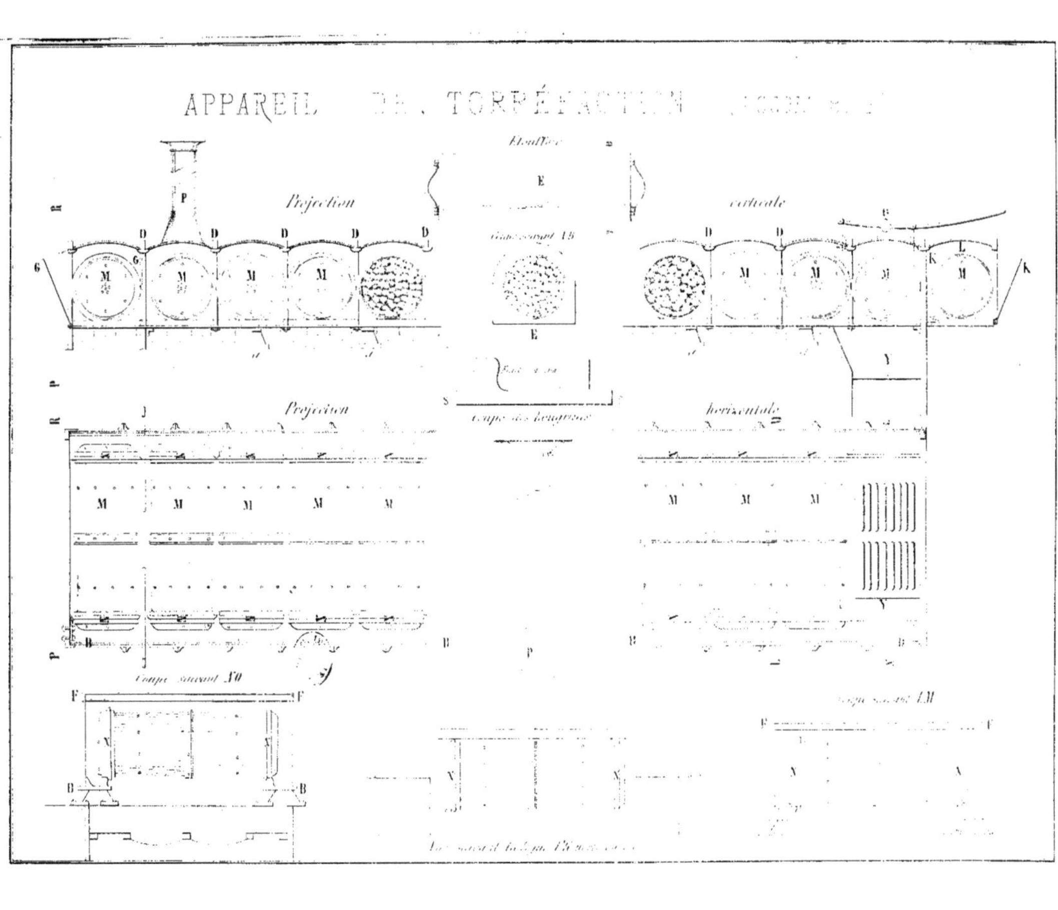
APPAREIL DE TORRÉFACTION
Projection
verticale
Projection
horizontale
Etouffoir
Coupe des longrines
Coupe suivant NO
Coupe suivant LM

www.ingramcontent.com/pod-product-compliance
Ingram Content Group UK Ltd.
Pitfield, Milton Keynes, MK11 3LW, UK
UKHW020449180726
13839UKWH00004B/1711